好奇 水先生 Mr Water

奇趣農場之旅

認識 農場的運作

亞哥斯提諾‧特萊尼 圖/文

新雅文化事業有限公司
www.sunya.com.hk

一天，水先生和空氣小姐教導一位年輕的
水手駕駛帆船，這時，信鴿給水先生帶來一個
緊急的消息。

幸好我沒有暈船浪！

好極了！

「太陽很猛烈啊，安吉爾夫婦的農場需要你來協助！」信鴿急忙地說。

看來，我必須去一趟！

快去！

思考點

數一數，海中有多少隻章魚？較大的那隻是什麼顏色的？

答案：
海中共有兩隻章魚。較大的那一隻是藍色的。

雲為什麼會移動？

雲是由飄浮在空中的水滴或水蒸氣組成，加上雲的重量很輕，只要風一吹，雲就會順着風的方向而移動。

水先生馬上出發，他要為安吉爾夫婦那乾涸的農場解渴。

準備好起飛了嗎？

感覺很輕盈！

水先生要去執行任務了！

水先生變身成雲朵，空氣小姐把他吹向田野。

水先生熱愛飛行，喜歡從空中看到美麗的風景。

可以看到大海、帆船和城堡，還有一列轟隆隆的火車。

最後，他終於到達了安吉爾夫婦的農場。

多麼美麗的城堡！

太陽把整片大地曬乾了，這裏明顯已經很多天沒有下雨了。

「果然真的需要我來一趟。」水先生想。

我快到了！

我想要陰涼一點！

很熱啊！

小朋友，太陽把大地曬乾後，你會看到什麼景象呢？說說看。

7

圖中的動物們都很享受雨水的清涼。小朋友，你有沒有試過雨水的滋味呢？

水先生找到一個合適的位置，下起雨來。

雨灑遍在農場上，雨水清涼解渴，無論是人類、動物和植物，大家都歡天喜地！

給農場的菜地澆過水以後，水先生來到了麥田，
又再到果園裏，就連稻草人也開心地洗了一個澡。

我要留一點雨水！

把稻草人擺放在農田上有什麼用途？

稻草人穿上布料，兩條木棍像人的雙手伸出，把它矗立在農田上，讓雀鳥誤以為有人在農田中，這樣便可以防止雀鳥擾亂農作物。

雨水不停下着，水先生身上的雲彩越來越小，最後更消失了。

空氣中充滿着潮濕泥土的氣息。

水先生在哪裏呢？看，原來他落在地上的水坑裏，大家看到他都很高興。

一會兒，太陽照耀着天空，伴隨的還有水先生的朋友——彩虹。

彩虹是怎樣形成的呢？

當陽光照射到半空中的水滴，光線會被折射、反射後再折射出來，然後便會形成彩虹。

給你們介紹一下，這是水先生的朋友——彩虹！

水先生萬歲！

朋友們，謝謝！

　　不過，就在水先生和大家交上朋友的時候，他卻不見了，原來他被土壤吸收了。

他發現自己來到了一個地下湖中。

水先生落到湖裏的聲音在洞中迴響。

「真可惜！」水先生說：「我喜歡留在地面，還想好好認識農場的朋友們呢！」

這時，一個體形細小的地精靈開心地向水先生問好，還承諾幫助他回到地面上。

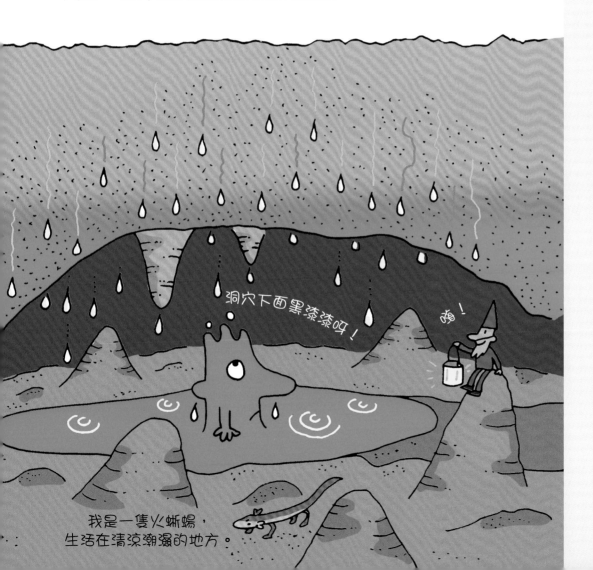

除了開墾水井，你知道古人是怎樣取得水源嗎？

「你可以坐『升降機』回到地面啊！」地精靈指着一個用鐵鏈吊着的水桶說。

長長的鐵鏈，是從洞頂的井口吊下來的。

水先生連忙爬入水桶，上面的人把他拉了上去。

答案：
開始的時候並沒有鑿井技術，所以早期人類都是住在有河流或水源的地方，一條河流就能提供飲用、灌溉、照料牲畜等用水。

歡迎回來！

我們很掛念你啊！

　　水桶慢慢地從井裏升了上來，水井
剛好就在農場旁邊。

　　「我回來了！」水先生歡呼鼓舞地喊道。

　　「水先生回來了！」大家都歡呼地叫着。

小朋友,你可以說出蜂王和其他蜜蜂的分別嗎?

農場的居民們陪同水先生參觀農場。

水先生在偌大的農場上發現了許多東西:蜜蜂和牠們的蜂巢、番茄的農地,還有果樹、乾草堆和穀倉。

綿羊和乳牛在吃草，安吉爾夫婦把牠們生產的奶做成了美味的乳酪。

農場裏還有一個池塘，是動物們的水源，而農場周圍的灌木成為了動物的住處。

水先生在農場裏學習替乳牛擠奶。

「每天都要擠牛奶啊！」地精靈解釋說。

「牠們的奶真的很香！」水先生說。「這都是草的功勞。春天，乳牛吃草地上清香的小草，冬天就吃牛棚裏可口的乾草。」

乳牛吃飽以後，就會拉出糞便先生。

糞便先生雖然看上去沒什麼特別，但他能發揮重要的作用！

小朋友，你今天「便便」了嗎？可以說說便便時有什麼感覺呢？

很多便便啊！

你好嗎？

嗨！

糞便先生是土地的好朋友，能幫助土地長出強壯、健康的農作物。所以，農民們會把糞便撒在田地裏。

　　「牛糞的味道很特別。」安吉爾先生說：「或許是因為牛隻只吃草。」

多麼美麗的農場！

我們一起來做大事！

我在等着你呢！

厲害！

癢癢

為什麼糞便可以用來堆肥？

糞便是一種傳統的肥料，它包含了一些營養素，適合作為施肥用途。

安吉爾先生給土地施肥後，便要犁地翻土，然後水先生開着拖拉機，拖着耙子耙地。

耙子翻鬆了泥土，接着安吉爾太太便把種子播撒在泥土上。

明天可以做南瓜燴飯！

農民完成了所有工作後，如果天氣得宜，農作物就會茁壯生長了。

許多新鮮美味的水果和蔬菜！

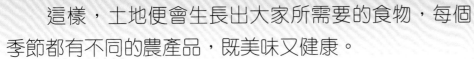

我喜歡晚上四處逛逛！

這樣，土地便會生長出大家所需要的食物，每個季節都有不同的農產品，既美味又健康。

23

參觀完後，水先生還經常回來澆澆水，探望農場的好朋友！

安吉爾夫婦的農場又回復了生機。

科學小實驗

現在就來和水先生一起玩吧！

你會學到許多新奇、有趣的東西，
它們就發生在你的身邊。

種植士多啤梨

你需要：

 一顆士多啤梨

一把帶有鋸齒的
水果刀

一個塑膠杯或
一個空罐子

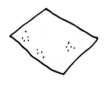 太陽

一張吸水紙

一個裝滿泥土
的花盆

難度：

做法：

把士多啤梨的皮薄薄地削下一層，
然後把帶種子的皮放在吸水紙上，在陽
光下曬乾。

②　待士多啤梨皮完全曬乾後，你就可以把種子取下來了。

把種子放進一個信封內，大概等5至9個月，再播種到小杯子裏，杯內覆蓋大約0.5厘米厚的潮濕泥土。

③　種子發芽以後，在幼苗長出2至3片葉子後，你就要把它們移植到一個大一點的花盆裏。

別忘了每天澆澆水。

④　請耐心等待吧！
記得澆水和施肥啊！
在辛勤勞動之後，你就可以品嚐到自己親手種植的士多啤梨了！

快樂的稻草人

你需要：

 兩根棍子，短的一根用來做手臂，長的一根用來當身驅。

 一件舊衣服

 一卷錫紙

  一團繩子

 一卷膠紙

 一枝油性筆

 一份舊報紙

一個塑膠袋或
一個舊枕頭套

難度：

做法：

① 用繩子把兩根棍子交叉綁成十字架形狀，短的那根可以當手臂。

② 把舊報紙搓成一團，然後填滿塑膠袋或舊枕頭套，做成稻草人的頭，在上面畫上稻草人的五官，固定在十字架的上方。

③ 用錫紙條做成閃亮的頭髮，再用膠紙固定在頭上，最後給稻草人穿上衣服。

④ 稻草人做好了！小朋友，你把他放在種植士多啤梨的花盆旁邊，他就會幫你看守花盆了！

好奇水先生
奇趣農場之旅

圖文：亞哥斯提諾・特萊尼 (Agostino Traini)
譯者：林麗
責任編輯：嚴瓊音
美術設計：許鍩琳
出版：新雅文化事業有限公司
香港英皇道499號北角工業大廈18樓
電話：(852) 2138 7998
傳真：(852) 2597 4003
網址：http://www.sunya.com.hk
電郵：marketing@sunya.com.hk
發行：香港聯合書刊物流有限公司
香港荃灣德士古道220-248號荃灣工業中心16樓
電話：(852) 2150 2100
傳真：(852) 2407 3062
電郵：info@suplogistics.com.hk
印刷：中華商務彩色印刷有限公司
香港新界大埔汀麗路36號
版次：二〇二三年七月初版

版權所有・不准翻印